Paula Hammond

TIGER

Atemberaubende Fotos und faszinierende Aspekte

NEUER
KAISER
VERLAG

INHALT

EINLEITUNG

„Tiger, Tiger, Flammenpracht
in der Wälder dunkler Nacht:
Welcher Schöpfer, welcher Gott
schuf dich, der Angst gebiert und Tod?“

Als der englische Dichter William Blake im Jahr 1794 dieses Gedicht schrieb, hatten nur wenige Europäer einen Tiger gesehen. Sie wussten von dieser einzigartigen Kreatur lediglich durch wilde Geschichten, die von Besuchern Asiens und des Fernen Ostens erzählt wurden. Blake bewunderte den Tiger sowohl für seine Schönheit als auch für seine Wildheit. Andere haben ihn verehrt, in Legenden verewigt oder als Wappentier aufgenommen. Die Naga-Stämme in Nordindien glauben sogar, dass Mensch und Tiger verwandt sind.

Doch leider gibt es auch viele, die dem Tiger mit wenig Respekt begegnen: Getrieben von Angst oder der Gier nach Trophäen, sind Jäger seit Hunderten von Jahren dabei, diese großartige Kreatur an den Rand des Aussterbens zu bringen. Angesichts der schrumpfenden Lebensräume der Tiger und des anhaltenden illegalen Handels mit seinen Körperteilen, sieht die Zukunft dieser Großkatze leider düster aus. Es ist bereits so schlimm, dass die meisten Bilder in diesem Buch in Naturschutzgebieten und Zoos aufgenommen werden mussten.

Dieser Bildband soll den Tiger gebührend feiern. Er ist auch ein Blick auf eine Welt, die sich in Gefahr befindet – eine Welt, die wir aber noch retten können, wenn wir nur den Willen dazu haben.

GEGENÜBERLIEGENDE SEITE

Ein verspielter, junger Bengal-Tiger planscht im Wasser.

TIGERARTEN

Während der Eiszeit war die Gattung *Panthera* weit verbreitet und teilte sich ihren Lebensraum mit Mammuts, Mastodons und den frühen Menschen. Aus dieser Gattung entwickelte sich der Tiger *(Panthera tigris)*. Während einige Tigerarten, wie der Japanische Tiger, ausstarben, blühten andere auf. Es wird vermutet, dass alle heute lebenden Tiger von einem gemeinsamen Vorfahren abstammen, der vor etwa 72 000 bis 108 000 Jahren lebte.

Tiger sind die größten Wildkatzen der Welt und unter ihnen ist der Sibirische Tiger der größte. Seine Länge beträgt von Kopf bis Rumpf bis zu 3,3 m, der Schwanz misst einen weiteren Meter. Die Sumatra-Tiger sind die kleinsten Vertreter der Art: Sie werden bis zu 2,4 m lang. Sibirische Tiger sind zwar die größten Tiger, doch Bengalische Tiger sind mit einem Gewicht von 325 kg die schwersten.

Trotz dieser Größen-, Gewichts- und gelegentlich Farbunterschiede sind sich die Tigerpopulationen der Welt genetisch sehr ähnlich. Zoologen haben lange darüber gestritten, wie viele Unterarten es gibt. Im Jahr 2018 untersuchte der Genetiker Yue-Chen Liu das Genom von 32 Exemplaren und identifizierte neun verschiedene Unterarten. Leider sind der Bali-Tiger, der Kaspische Tiger und der Java-Tiger bereits ausgestorben. Fünf Unterarten leben noch in freier Wildbahn: der Bengal-Tiger (Königstiger), der Indochinesische Tiger, der Malaysia-Tiger, der Sibirische Tiger und der Sumatra-Tiger. Südchinesische Tiger wurden bis vor kurzem nur noch in Zoos gefunden, aber ein ehrgeiziges Auswilderungsprojekt hat sich zum Ziel gesetzt, diese großartigen Säugetiere vor dem Aussterben zu bewahren.

GEGENÜBERLIEGENDE SEITE

SIBIRISCHER TIGER

Das markanteste Merkmal des Tigers ist zugleich sein schönstes: Die Tigerstreifen variieren je nach Art, sind jedoch normalerweise dunkelbraun oder schwarz auf einem orange-braunen Hintergrund. Wie die Fingerabdrücke des Menschen, so ist auch das Muster jedes Tigers einzigartig.

COOLE KATZEN

Tiger sind in erster Linie nachtaktive Jäger, aber tagsüber faulenzen sie oft in der Nähe von Flüssen und Strömen, in die sie regelmäßig eintauchen, um sich abzukühlen. Ein starker Körper und Schwimmhäute an den Pfoten machen Tiger zu ausgezeichneten Schwimmern. Sie sind auch schnell genug, um ihre Beute im Wasser zu verfolgen und zu fangen.

UNTEN

KRATZBAUM

Tiger kratzen an Bäumen, um ihre Krallen scharf und sauber zu halten. Zwischen ihren Krallen haben sie Zwischenklauensäckchen *(lat. sinus interdigitalis)*. Dies ist eine Hautdrüse oberhalb des Zwischenklauenspalts. Ihr Sekret tritt beim Auftreten aus der Mündung aus und dient zur Markierung des Trittsiegels. Dies geschieht auch, wenn der Tiger die Rinde kratzt. Diese Duftmarkierung wird vor allem verwendet, um ein Territorium zu markieren und andere Tiger auf seine Anwesenheit aufmerksam zu machen – dies kann auch mögliche Konflikte verhindern.

OBEN

FÜR JEDES WETTER GUT GERÜSTET

Die im Norden lebenden Sibirischen Tiger haben längeres, dickeres und blasser orangefarbenes Fell als ihre weiter im Süden beheimateten Cousins. Unter dem gestreiften Fell eines Tigers befindet sich eine weitere Schicht aus flauschigem Fell, die ihn warm hält. Erstaunlicherweise ist nicht nur das Fell des Tigers gestreift, sondern auch seine Haut.

FREI UMHERWANDERN

Während Löwen Bewohner der offenen Savanne sind, haben sich Tiger dahingehend angepasst, dass sie in vielfältigen Umgebungen leben können, von feuchten, subtropischen Dschungeln über Sumpfgebiete bis hin zu Hochlandwäldern. Tiger leben in 13 Ländern noch immer in freier Wildbahn. Die größte Gruppe stellen die indischen Bengal-Tiger dar. Russische Sibirische Tiger machen die zweitgrößte Tigerpopulation der Welt aus.

UNTEN

GROSSE KLAPPE

Ein gesunder Tiger hat 30 Zähne. Seine riesigen oberen Fangzähne sind die größten in der „Katzenwelt“ und können bis zu 7,6 cm lang werden. Dies sind die Zähne, die zum Töten verwendet werden. Die Lücken zwischen den flacheren Backenzähnen und den Fangzähnen erleichtern das Greifen von Beute.

OBEN

SCHNURRHAARE

Vibrissen, auch Tast- oder Schnurrhaare genannt, sind spezielle Haare, die viele Säugetiere im Gesicht tragen. Sie sind dicker und länger als gewöhnliche Haare und dienen der Wahrnehmung taktiler Reize. Tiger haben fünf Arten von Schnurrhaaren: superziliäre Schnurrhaare auf den Augenbrauen, genale Schnurrhaare auf den Wangen, mystaciale Schnurrhaare auf beiden Seiten ihrer Schnauze, karpale Schnurrhaare auf der Rückseite ihrer Vorderbeine und tylotriche Schnurrhaare am ganzen Körper.

TEMPERATURUNTERSCHIEDE

Tiger besetzen in der Natur eine Vielzahl von Lebensräumen. Sibirische Tiger kommen in subarktischen Wäldern vor, wo die Nachttemperaturen auf –40 °C fallen. In den Mangrovensümpfen der Bucht von Bengalen baden die Tiger regelmäßig, um sich von Temperaturen von 40 °C und mehr abzukühlen.

OBEN

SPIELERISCHE KÄMPFE

Bengalische Tigerbabys kämpfen spielerisch, um sich auf das Erwachsenwerden vorzubereiten. Die Tiger erreichen ihre Geschlechtsreife im Alter von etwa vier bis fünf Jahren. In freier Wildbahn beträgt ihre Lebenserwartung oft nur zehn Jahre. In Gefangenschaft können sie bis zu 25 Jahre alt werden.

GEGENÜBERLIEGENDE SEITE OBEN

KÖRPERSPRACHE

Eine bedrohliche oder versöhnliche Haltung kann einen Konflikt verhindern oder schnell beenden, bevor er zu blutig wird. Für Tiger sind weit geöffnete Augen, ein leicht offener Mund und ein hektisch peitschender Schwanz ein Zeichen von Aggression. Eher defensiv wirken angelegte Ohren, gefletschte Zähne und verengte Augen.

GEGENÜBERLIEGENDE SEITE UNTEN

AUF DEM RÜCKEN WÄLZEN

So wie ein Haustier zeigt, dass es sich entspannt oder verspielt fühlt, liegen Tiger oft auf dem Rücken und zeigen ihren Bauch. Ferner gibt ein unterlegener Tiger seinem Gegner in der Weise nach, dass er sich auf den Rücken rollt.

AUF BÄUME KLETTERN

Tigerbabys jagen gerne ihrer Beute in Baumwipfeln nach. Die größeren und schwereren Erwachsenen können sich jedoch nicht wie Leoparden mit ihren Krallen hochziehen. Stattdessen nutzen sie ihre Geschwindigkeit und ihre Kraft, um nach oben zu gelangen. Da ihre Krallen gebogen sind, müssen sie rückwärts wieder nach unten klettern.

OBEN

AUF PATROUILLE

Die Größe des Reviers eines Tigers hängt zum einen von der Region und zum anderen von der Verfügbarkeit von Nahrung ab. Ein Tiger kann jedoch in einem sehr großen Gebiet herumstreifen – in Indien bis zu 1000 km^2. Schwimmen zu können ist dabei ein großer Vorteil: Einige Tiger schwimmen bis zu 29 km pro Tag, um in ihrem Revier zu patrouillieren.

RECHTS

INDOCHINESISCHER TIGER

Die Zunge eines Tigers ist mit Hunderten kleiner, scharfer, nach hinten gerichteter Widerhaken bedeckt, die Papillen genannt werden. Sie verleihen der Zunge ihre raue Textur – und ermöglichen das Abziehen von Haut, Fell oder Federn der Beute. Tiger benutzen ihre Zunge aber auch wie eine Hauskatze, um ihr Fell zu pflegen und zu reinigen.

LINKS

SCHLABBERN

Die Zunge ist ein sehr nützliches Werkzeug für den Tiger. Er verwendet sie, um Wasser auf die gleiche Weise wie Hauskatzen aufzunehmen – nur langsamer. Es ist immer ein Balanceakt zwischen Schwerkraft und Trägheit, wenn er die Zunge mit gekräuselter Spitze gerade nach unten streckt, sodass die Oberseite die Flüssigkeit zuerst berührt.

AUFFÄLLIGE STREIFEN

Indochinesische Tiger kommen in Myanmar, Thailand und Laos vor. In Bezug auf die Farbgebung haben diese seltenen Katzen eine dunklere Tönung mit weniger, kürzeren und schmaleren Streifen. Aufgrund ihrer schnell sinkenden Anzahl betreiben Indochinesische Tiger leider Inzucht mit Familienmitgliedern, was körperliche Missbildungen zur Folge hat.

GEGENÜBERLIEGENDE SEITE

HERANWACHSEN

Mit etwa 11 Monaten sehen diese Indochinesischen Tiger bereits ausgewachsen aus. Wenn sie das Erwachsenenalter erreichen, beginnen die weiblichen Tiger damit, Reviere einzurichten, die in der Nähe derjenigen ihrer Mütter liegen. Männliche Tiger ziehen weiter weg und wenn sie kein herrenloses Revier finden, müssen sie möglicherweise einem anderen männlichen Tiger sein Revier streitig machen.

OBEN

ENTSPANNUNG

Tiger können oft in Gebieten angetroffen werden, in denen Flüsse auf Land treffen – bekannt als Uferzone. In diesen natürlichen Wildtierkorridoren trifft Beute auf Jäger – manchmal in einer überraschend entspannten Umgebung. Büsche und Bäume spenden Schatten, während das Wasser durstige Tiere anzieht und jedem die Möglichkeit gibt, sich auszuruhen und abzukühlen.

OBEN

MALAYSIA-TIGER

Malaysia-Tiger sind meist in Laubwäldern zu Hause, aber auf der Suche nach einer Mahlzeit ziehen sie auch größere Kreise. Wildschweine, Rotwild und die ziegenartigen Seraue sind zwar ihre bevorzugte Beute, aber alle Tiger sind opportunistische Jäger: Sie erlegen auch Malaienbären und sogar Elefantenkälber.

GEGENÜBERLIEGENDE SEITE

INS WASSER WATEN

Während Tiger – im Gegensatz zu Hauskatzen – Wasser mögen, waten schwimmende Tiger normalerweise nur bis zur Nackentiefe ins Wasser. Sie tauchen ihren Körper zwar unter, gehen aber selten vollständig unter Wasser, da sie es nicht mögen, wenn ihre Augen nass werden. Teilweise betreten sie einen Fluss sogar rückwärts, um Spritzer zu vermeiden.

OBEN

SCHARFES SEHVERMÖGEN

Alle Raubtiere können binokular, also beidäugig, sehen. Dies ermöglicht es ihnen, Entfernungen genauer zu beurteilen als ihre Beutetiere, deren Augen vielfach an der Seite des Kopfes positioniert sind.

Tigeraugen enthalten hauptsächlich Stabrezeptoren, die gegenüber schwachem Licht empfindlich sind. Sie sind so empfindlich, dass ihre Nachtsichtfähigkeit etwa sechsmal höher ist als bei Menschen.

LINKS

PFOTEN UND KRALLEN

Große, gut gepolsterte Pfoten helfen dem Tiger, sich fast lautlos zu bewegen. Am Ende jeder Zehe befinden sich Krallen mit einer Länge von bis zu 10 cm, die gebogen sind, um die Beute besser festhalten zu können. Werden sie nicht benutzt, dann werden diese beeindruckenden Waffen in eine schützende Hülle zurückgezogen.

SCHLÄFRIGE KATZE

Wenn es um Leben oder Tod geht, sind Tiger absolute Jäger: pure Geschwindigkeit und rohe Kraft. Doch das Erlegen der Beute verbraucht viel Energie. Nach einer erfolgreichen Jagd frisst der Tiger seine Mahlzeit und ruht sich dann aus, indem er bis zu 20 Stunden pro Tag schläft.

OBEN

DER SÜDCHINESISCHE TIGER

Der Südchinesische Tiger ist die kleinste Tiger-Unterart auf dem asiatischen Festland. Ein Südchinesisches Tiger-Männchen ist etwas größer und schwerer als der Sumatra-Tiger und etwa 2,5 m lang. Sein Fell ist wunderschön in Dunkelorange gefärbt, mit einem weißeren Bauch und dichteren Streifen als bei seinen bengalischen Kollegen.

GEGENÜBERLIEGENDE SEITE

AUF INS ABENTEUER

Jedes Paar Tigerbeine ist für eine andere Art von Arbeit vorgesehen. Die Hinterbeine sind dabei etwas länger als die Vorderbeine. Dies gibt dem Tiger mehr Sprungkraft. Es ermöglicht ihm, Entfernungen von bis zu 10 m in der Luft zurückzulegen. Seine Vorderbeine sind schwerer und muskulöser, um kämpfende Beute festhalten zu können.

GEGENÜBERLIEGENDE SEITE

AFRIKANISCHER TIGER?

Historisch gesehen streiften Tiger über weite Teile West- und Zentralasiens – jede Unterart passte sich dabei individuell ihrer Umgebung an. Tiger sind zwar nicht in Afrika beheimatet, aber der hier gezeigte männliche Südchinesische Tiger befindet sich in Philippolis, Südafrika. Hier wird den in Gefangenschaft gezüchteten Tieren beigebracht, wie sie wieder Tiger werden.

OBEN

ALLEIN ZU HAUSE?

Tiger gehen alleine auf die Jagd. Sie sind gut gerüstet, um selbst eine Beute wie Antilopen zu töten. Tigerbeziehungen sind jedoch komplex. Obwohl sie Einzelgänger sind, sind die Männchen, was ihr Territorium angeht, weniger aggressiv als andere Großkatzen. Sie tolerieren andere Männchen auf ihrem Gebiet und teilen mit ihnen manchmal sogar ihre erlegten Tiere.

OBEN

SUMATRA-TIGER

Der Sumatra-Tiger wurde von anderen Tigerpopulationen auf dem asiatischen Festland vor etwa 6000 bis 12000 Jahren isoliert, als der Meeresspiegel anstieg. Obwohl sie zunehmend seltener werden, gibt es in abgelegenen Gebieten der Insel immer noch kleine Gruppen, die sowohl im Tiefland als auch in den Bergwäldern gesichtet wurden.

RECHTS

FLECKEN UND STREIFEN

Diese weiblichen Sumatra-Tiger können anhand ihrer unverwechselbaren Streifen identifiziert werden. Bei genauem Hinsehen scheinen sie sich an den Spitzen in vereinzelte Punkte aufzulösen. Weitere kleine, dunkle Flecken auf dem Rücken, den Flanken und den Hinterbeinen sind zwischen den dichten, manchmal doppelten Reihen von Tigerstreifen zu erkennen.

AUGEN UND OHREN

Die weißen Flecken auf den Ohren dieses Sumatra-Tigers sind allen Unterarten gemeinsam. Es ist sehr wahrscheinlich, dass sie einen doppelten Zweck erfüllen: Zum einen, um Angriffe von hinten abzuhalten, da sie für potenzielle Raubtiere wie Augen aussehen können, und zum anderen als Drohgebärde, da ein defensiver Tiger seine Ohren flach anlegt.

GEGENÜBERLIEGENDE SEITE

HÖRT MEIN BRÜLLEN

Hauskatzen schnurren oder miauen und nur die Mitglieder der *Panthera*-Familie brüllen. Dies liegt daran, dass anstelle des Epihyal-Knochens, der sich bei kleinen Katzen im Kehlkopf befindet, Leoparden, Löwen, Jaguare und Tiger alle ein flexibles Band haben. Dieses kann gedehnt werden, um einen breiteren und tieferen Stimmumfang zu erhalten.

OBEN

KLETTERKATZEN

Leoparden sind die stärksten Kletterer unter den Großkatzen und für ihre Gewohnheit bekannt, ihre Beute auf Bäume zu schleppen, um andere Raubtiere davon abzuhalten, ihr Futter zu stehlen. Im Vergleich dazu sind Tiger schlechte Kletterer. Dennoch klettern sie auf Bäume, um Beute zu suchen oder um Ruhe zu finden, wenn sie gestresst sind.

DIE FARBE DER NASE

Für einen Tiger gibt es ein verräterisches Anzeichen für sein Alter: seine Nase. Junge Tiger haben eine rosa Nase. Die Nase wird allmählich dunkler und zunächst orange, bis hin zu schwarzbraun, wenn er seine Geschlechtsreife erlangt. Der Geruchssinn eines Tigers ist nicht so stark ausgeprägt wie seine anderen Sinne. Bei der Jagd setzt er ihn weniger ein als sein spektakuläres Sehvermögen.

WEISSER TIGER

Ein weißer Bengal-Tiger (Königstiger) verdankt sein auffälliges Fell dem Mangel an roten und gelben Phäomelanin-Pigmenten, die für die übliche Orangefärbung eines Tigerfells verantwortlich sind. Von Natur aus wird nur einer von 10 000 Tigern weiß geboren. Schneetiger haben eine zusätzliche genetische Mutation, die fast alle ihre Streifen entfernt.

GEGENÜBERLIEGENDE SEITE

SCHNELL ERWACHSEN

Nur Bengalische Tiger tragen die Genmutation in sich, die das charakteristische weiße Fell hervorbringt. Im Durchschnitt sind weiße Tiger größer und schwerer als ihre orangefarbenen Artgenossen. Auch scheinen sie schneller erwachsen zu werden. Weiße männliche Tiger gelten nach zwei oder drei Jahren als ausgewachsen, während orangefarbene Männchen erst mit vier oder fünf Jahren geschlechtsreif sind.

OBEN

DIE NACHFRAGE BEFRIEDIGEN

Weiße Tiger sind keine Albinos und auch keine separate Unterart – sie sind das Ergebnis eines mutierten Gens. Ihr spektakuläres Erscheinungsbild – blaue Augen, weißes Fell und schokoladenfarbene Streifen – hat sie bei Themenparks sehr beliebt gemacht. Die meisten weißen Tiger in Gefangenschaft sind das Ergebnis von absichtlicher Inzucht, die zu körperlichen Missbildungen führt. Sie wurden gezüchtet, um die große Nachfrage zu befriedigen.

EIGENARTIGES FELL

Vielen arktischen Tieren wächst schneeweißes Fell, das in den Wintermonaten als zusätzliche Tarnung dient. Doch das Fell eines weißen Tigers wächst in einem dunkleren Farbton nach, wenn die Temperaturen steigen. Dieses eigenartige Merkmal ist auf Enzyme in ihrem Fell zurückzuführen, die auf Hitze reagieren.

OBEN

EIN BAD NEHMEN

Tiger fühlen sich in der Hitze weniger wohl als die meisten großen Katzen. Hier stürzt sich ein weißer Tiger in einem Naturschutzgebiet in Singapur in einen Fluss, um sich abzukühlen. Er kann bis zu einer Stunde im Wasser verbringen, bevor er sich am Flussufer ausruht. Er nimmt über den Tag verteilt regelmäßig Bäder.

GEGENÜBERLIEGENDE SEITE

UMSTRITTEN

Tiere in Gefangenschaft verhalten sich oft – auch weil sie dazu gezwungen sind – auf eine Weise, die in freier Wildbahn unmöglich wäre. Dieser weiße Tiger lebt in einem Themenpark und taucht nach einem Stück Fleisch, das sein Trainer ins Wasser geworfen hat. Tiere für Besucher auftreten zu lassen, wird zunehmend kontrovers diskutiert.

LEBENSRÄUME

Einst wanderten die Tiger von den bewaldeten Ausläufern des Himalayas bis in den Dschungel von Bali, von der Ost-Türkei bis zum Japanischen Meer. Aufgrund ihrer Anpassungsfähigkeit und Hartnäckigkeit sind diese ikonischen Kreaturen in immergrünen Wäldern, Mangrovensümpfen, felsigen Bergen, schneebedeckten Hochländern, Nadelwäldern und Grasland gleichermaßen beheimatet. Wie alle Tiere entwickeln sie sich dort am besten, wo die Bedrohungen gering sind und es reichlich Nahrung, Wasser und Schutz gibt.

Zu Beginn des 20. Jahrhunderts gab es rund 10 000 dieser charismatischen Großkatzen – inzwischen sind es weniger als 4000. Neben der Jagd ist der Hauptgrund dafür der Verlust ihres Lebensraums. Seit dem neuen Jahrtausend sind die Lebensräume der Tiger um 93 Prozent geschrumpft. Während die Menschheit Land für Industrie und Landwirtschaft vernichtet, finden diese wunderschönen Tiere immer weniger Gebiete, in denen sie bleiben können.

In Indien leben heute zwei Drittel der verbleibenden Tiger der Welt. Zwölf andere Länder haben sich verpflichtet, im Rahmen eines Programms (Global Tiger Recovery Program) zur Erhaltung und Wiederherstellung von Lebensräumen für Tiger beizutragen: Bangladesch, Bhutan, Kambodscha, China, Laos, Indonesien, Malaysia, Myanmar, Nepal, Russland, Thailand und Vietnam.

Der Niedergang dieser legendären Großkatzen ist jedoch symptomatisch für ein noch größeres Problem. Die Grünflächen der Erde verschwinden. Wir leben in einer Ära des Massensterbens mit dem schlimmsten Artensterben seit dem Verlust der Dinosaurier vor 65 Millionen Jahren. Die Wahrheit ist nämlich, dass Tiger vor einer perspektivlosen Zukunft stehen, wenn ihre traditionellen Lebensräume nicht gerettet werden können. Und wenn wir das schaffen, können wir noch mehr retten als diese schönen Tiere – wir können uns retten.

GEGENÜBERLIEGENDE SEITE

DER FUSS DES TIGERS

Ein Tiger hat fünf Krallen an jeder Vorderpfote, darunter eine kleinere Daumenkralle, die weiter hinten auf der Pfote sitzt. Daumenkrallen helfen dem Tiger, zu klettern oder zu greifen und sich an der Beute festzuhalten. Seine Hinterfüße haben vier Krallen.

RICHTUNG NORDEN

Das russische Naturschutzgebiet Ussurijsk liegt am Rande des Sichote-Alin-Gebirges in der Nähe des Flusses Komarowka. Dieses bewaldete, bergige Gelände ist der nördlichste Punkt der Erde, an dem Sibirische Tiger beheimatet sind.

OBEN

GESUNDE LEBENSRÄUME

Der Bandhavgarh-Nationalpark ist die Heimat einer der größten Bengal-Tiger-Populationen Indiens. Das Reservat verfügt über weite Täler und Bäche, mit einheimischen Salbäumen am Unterlauf und Laubwäldern an den höheren, trockeneren Hängen. Diese reiche Artenvielfalt bietet sowohl den Tigern als auch den Beutetieren einen gesunden Lebensraum.

GEGENÜBERLIEGENDE SEITE

TIGER DER TAIGA

Die Sibirischen Tiger haben sich angepasst, um in den kühlen Nadelwäldern des Nordens zu leben. Diese Art von Biom wird traditionell „Taiga“ genannt. Die Taiga erstreckt sich über weite Teile Nordamerikas und Nordeuropas sowie über die nördlicheren Teile Japans und der Mongolei. Populationen Sibirischer Tiger gibt es heute fast nur noch in Russland.

UNTEN

ÜBERGROSSER LEBENSRAUM

Der größte Teil der Tigerpopulation in Malaysia lebt auf der Malaiischen Halbinsel in einem Gebiet von ca. 130 395 km² Fläche. Wilderei und Landentwicklung haben aber zur Folge, dass es einen Mangel an Beutetieren gibt. Infolgedessen brauchen Malaysische Tiger riesige Gebiete zum Überleben.

OBEN

FAMILIENPROBLEME

Tiger können alle paar Jahre zwischen zwei und vier Jungtiere zur Welt bringen. Die Sterblichkeitsrate ist jedoch sehr hoch. Etwa die Hälfte aller Jungen schafft es nicht bis zum Erwachsenenalter. Selbst in geschützten Lebensräumen ist Wilderei weit verbreitet. Junge Tigermütter stehen daher zunehmend vor der Herausforderung, einen geeigneten Ort zu finden, an dem sie eine Familie gründen können.

WEIT WEG VON ZU HAUSE

Da Lebensräume verschwinden, ist es die traurige Wahrheit, dass in den USA mehr Tiger in Gefangenschaft leben als in freier Wildbahn. Nicht alle Zoos haben Zuchtprogramme für gefangene Tiger. Aber dort, wo dies der Fall ist, können sie eine entscheidende Rolle beim Schutz der Tiger spielen. Dieses Sumatra-Tigerjunge wurde im Flamingo Land Zoo, Yorkshire, England geboren.

OBEN

SICHERER HAFEN

Der nordindische Ranthambore-Nationalpark ist seit über 40 Jahren ein relativ sicherer Hafen für die Tiger des Landes. Das Gelände des Parks wechselt zwischen üppigen Wiesen und trockenem Laubwald, was den ansässigen Tigern die begehrte Kombination aus Uferzone und geschütztem Wald bietet.

UNTEN

UMWELTVERSCHMUTZUNG

Selbst in Reservaten kann das moderne Leben Auswirkungen auf die Tierwelt haben. Auto- und Industrieabgase, Schwebstoffe und kontaminiertes Wasser aus Landwirtschaft, Bergbau und Holzfällerei sind ein allgegenwärtiges Problem, das die Nahrungskette verunreinigen und möglicherweise wild lebende Tiere vergiften kann. Der relativ isolierte Standort von Ranthambore trägt dazu bei, diese Risiken zu verringern.

LÄNDERÜBERGREIFENDE ZUSAMMENARBEIT

Die 13 Länder der Tiger-Verbreitungsgebiete („Tiger Range“) haben sich verpflichtet, ihre Großkatzenpopulationen bis 2022 – dem nächsten chinesischen Jahr des Tigers – zu verdoppeln. Das Projekt mit dem Namen Tx2 konzentriert sich zum ersten Mal nicht auf die bloße Rettung einer Unterart in einem Land, sondern auf die grenzüberschreitende Erhaltung von Lebensräumen und Wildtierkorridoren.

KASSENSCHLAGER

Tigerbabys sind eine beliebte Attraktion im Ranthambore-Nationalpark, und wenn der Wert der Natur in Geld gemessen werden müsste, dann verdienten sich diese großartigen Katzen mit Sicherheit ihren Unterhalt. Es wird geschätzt, dass jeder einzelne Tiger durchschnittlich 1,8 Millionen Euro in die indische Wirtschaft einbringt.

DIE ANGST BEKÄMPFEN

Der Pench-Nationalpark in Indien soll Rudyard Kipling zu seinen Dschungelbuch-Geschichten inspiriert haben. Kiplings Tiger „Shir Khan“ war ein potenzieller Menschenfresser. Solche Geschichten haben die Gefahr der Tiger für den Menschen übertrieben dargestellt und so die Erhaltungsbemühungen behindert. Für die Rettung dieser seltenen Katzen ist Aufklärung daher ebenso wichtig wie der Lebensraum selbst.

OBEN

PERFEKT FÜR BABYS

Wie jede frischgebackene Tiger-Mutter weiß, ist es überlebenswichtig, in der Kindererziehung alles richtig zu machen. Diese schwangere Tigerin muss einen Unterschlupf finden, der vor anderen Raubtieren versteckt liegt und vor extremen Wetterbedingungen schützt. Höhlen, Baumhöhlen oder dichtes Gras sind dafür besonders geeignet.

GEGENÜBERLIEGENDE SEITE

ZUM ERSTEN, ZWEITEN UND DRITTEN!

2007 fasste der Naturschützer George Schaller das Problem aller „Tigerländer" zusammen, indem er sagte, jede Nation müsse entscheiden, ob sie ihr natürliches Erbe für zukünftige Generationen bewahren will, „ein Erbe, das wichtiger ist als das kulturelle … weil es nach seiner Zerstörung nie wieder ersetzt werden kann".

NACH HAUSE KOMMEN

Auf dem Tigergipfel im Jahr 2010 wurde vorgeschlagen, dass „Tigerländer“, in denen damals keine neuen Tigerpopulationen heranwuchsen (Kambodscha, Laos, Myanmar und Vietnam), die aber dennoch über geeignete Lebensräume verfügten, sich zur Wiederansiedlung von Tigern in diesen Gebieten verpflichten sollten. Dies sollte dazu führen, dass Tiger aus erfolgreichen Reservaten in ihre traditionellen Ökosysteme zurückkehren könnten.

GEGENSEITIGES KENNENLERNEN

Wenn eine Tigerin bereit ist, sich zu paaren, signalisiert sie dies durch ihren Duft, den sie an Bäumen hinterlässt. Wenn allerdings die Gebiete zu groß sind oder die männliche Tigerdichte zu niedrig ist, muss sich das Weibchen (hier rechts im Bild) möglicherweise selbst auf die Suche nach einem Männchen machen. Es können mehrere Begegnungen mit viel gegenseitiger Zuwendung nötig sein, bis sie sich genug vertrauen, um sich zu paaren.

OBEN

ALTE UND NEUE SITTEN

In der Vergangenheit wurden Sibirische Tiger von lokalen Stämmen verehrt. Tungusische Völker betrachteten sie als Hüter des Waldes und sprachen sie als „Großvater" an. Als Russland und China diese Regionen für sich beanspruchten, jagten sie die Tiger, die zwischen ihnen und den „wertvollen" Ressourcen des Landes (Ginseng, Zobelfell und Öl des Moschusochsen) standen.

UNTEN

SCHNEEKATZE

Der Hauptlebensraum des Sibirischen Tigers ist die russische Taiga, die sich von gemäßigten Wäldern bis zu schneebedeckten Wäldern in fast 1000 m Höhe erstreckt. Hier können die Wintertemperaturen auf bis zu –40 °C fallen, und eine Schneedecke von bis zu 50 cm bedeckt ein viertel Jahr lang den Boden.

OBEN

NAMEN SIND SCHALL UND RAUCH?

Die spektakuläre und wunderschöne Region, die als Russlands Ferner Osten bekannt ist, umfasst einen Großteil des Amur-Deltas. Dieses Gebiet war lange Zeit eine der letzten Hochburgen der russischen Tigerpopulation und der Grund, warum Sibirische Tiger auch als Amur-Tiger bezeichnet werden.

GEGENÜBERLIEGENDE SEITE

KLEINE STÖCKE

Taiga bedeutet „Land der kleinen Stöcke“. Die Bäume in der Taiga sind aufgrund der verkürzten Vegetationsperiode und des minderwertigen Bodens kleiner als in anderen Regionen. Je weiter man nach Norden kommt, desto spärlicher wird die Baumlandschaft. Die Landschaft verwandelt sich in die „Tundra“, was „baumloses Sumpfgebiet“ bedeutet.

GEGENÜBERLIEGENDE SEITE

HAPPY END?

Jedes Bild erzählt eine eigene Geschichte und für diesen Tiger hat sie ein Happy End. Früher wurde die Tigerin „Meow" an einer Tankstelle gehalten, wo Kunden dafür bezahlten, um sich mit ihr fotografieren zu lassen. Sie wurde schließlich vom Kao Look Chang Wildlife Centre in Thailand gerettet und ist jetzt in einer sicheren Umgebung, in der ausgebeutete Tiere einen Eindruck vom Leben, wie es sein sollte, erhalten.

OBEN

AUF GUT GLÜCK

Tiger sind normalerweise nachtaktive Jäger, die sich mit ihren hervorragenden Nachtsichteigenschaften und ihrer natürlichen gestreiften Tarnung in die Umwelt einfügen. Trotz dieser natürlichen Vorteile zeigten Studien des Naturschützers George Schaller über Bengal-Tiger, dass nur eine von 20 Jagden zu einer Tötung führte.

RECHTS

DUFTMARKEN

Sprüht ein Tiger am Rand seines Reviers Urin an Bäume, so verfolgt er damit zwei verschiedene Zwecke: Zum einen sollen auf diese Weise andere Tiger ferngehalten werden, zum anderen wirbt er dadurch für sich bei potenziellen Partnerinnen. Es ist gar nicht so übel, wie es klingt: Der Urin des Tigers riecht angeblich nach gebuttertem Popcorn.

GEGENÜBERLIEGENDE SEITE

SELEKTIV GEZÜCHTET

Die meisten weißen Bengal-Tiger sind das Produkt selektiver Zucht und werden als Attraktionen in Wildparks gehalten. Natürlich würden sie sich den Lebensraum mit ihren goldfarbenen Verwandten teilen, aber sie sind in freier Wildbahn äußerst selten, wenn nicht sogar ausgestorben. Die letzte bestätigte Sichtung liegt fünfzig Jahre zurück.

OBEN

VORSICHTIGE KLETTERER

Junge Tiger sind leicht und beweglich genug, um die Bäume in ihrer Umgebung spielend zu nutzen und gelegentlich Affen oder andere kleine Säugetiere und Reptilien im Laubwerk zu jagen. Hungrige erwachsene Tiere, insbesondere Mütter mit zu fütternden Jungen, mögen zwar dasselbe tun, aber sie sind wesentlich vorsichtigere Kletterer.

GEGENÜBERLIEGENDE SEITE

AUS DEM HINTERHALT

Tiger können eine Sprint-Höchstgeschwindigkeit von 65 km/h erreichen. Sie können einen solch unglaublichen Sprint jedoch nur über kurze Strecken absolvieren. In Waldgebieten ist es ihnen praktisch unmöglich, ihre Beute durch die Bäume zu verfolgen. Sie verlassen sich daher auf den Überraschungsmoment und überfallen ihre Beute aus dem Hinterhalt.

OBEN

AUF EINEN BISSEN LAUERN

Tiger verbringen einen Großteil ihres Tages damit, sich auszuruhen und zu pflegen. Wenn das Futter allerdings knapp ist oder wenn eine Tigerin Junge zum Füttern hat, wagen sie sich auch tagsüber hinaus, am liebsten bei bedecktem Himmel. Während Weibchen in ihrem eigenen Territorium jagen, neigen die Männchen dazu, sich auch weiter zu entfernen.

SCHÜTZEN UND BEWAHREN

In den 13 Tiger-Staaten gibt es neun große Wasserläufe, die 830 Millionen Menschen in Indien, Indonesien, Malaysia und Thailand mit Wasser versorgen. Der Schutz der Tigerwälder bedeutet zugleich mehr sauberes Wasser für alle, da die Wälder die Menge der Ablagerungen, die die Flüsse und Stauseen erreichen, begrenzen.

GEGENÜBERLIEGENDE SEITE OBEN UND UNTEN

DEN KLIMAWANDEL BEKÄMPFEN

Ob in Russland (oben) oder Indien (unten) – der Schutz der Lebensräume der Tiger wird sich auch positiv auf die Bemühungen zur Bekämpfung des Klimawandels auswirken. Bäume sind entscheidend für die Kohlenstoffspeicherung. Ein Baum kann jedes Jahr bis zu 22 kg Kohlendioxid aufnehmen. Während des Wachstums nehmen Bäume CO_2, eines der wichtigsten Treibhausgase, auf und speichern es. Man schätzt, dass die Amur-Tiger-Gebiete im russischen Fernen Osten 130 000 Tonnen Kohlenstoff pro Jahr aufnehmen können, was dem Kohlendioxidausstoß von 25 000 Autos entspricht.

OBEN

GUTE NACHBARN

Die Wälder regulieren den Wasserfluss. Das Vorhandensein von Bäumen führt auch dazu, dass Wasser langsamer in den Boden gelangt. Wenn man Bäume fällt, kann es zu Sturzfluten kommen. Der Boden wird weggespült – und manchmal gehen dabei Häuser und Leben verloren. Es zeigt sich auch hier, dass der Schutz der Tiger positive Auswirkungen auf alle hat, die mit diesen großartigen Tieren in der Nachbarschaft leben.

HILFE FÜR ALLE?

Asiatische Elefanten, Sumatra-Nashörner und Sumatra-Orang-Utans: Sie alle sind vom Aussterben bedroht. Alle drei Arten kommen in Gebieten vor, die traditionell von Tigern bewohnt sind. Das bedeutet im Umkehrschluss, dass der Schutz der Lebensräume von Tigern auch einige der anderen immer seltener werdenden Arten der Erde schützen kann.

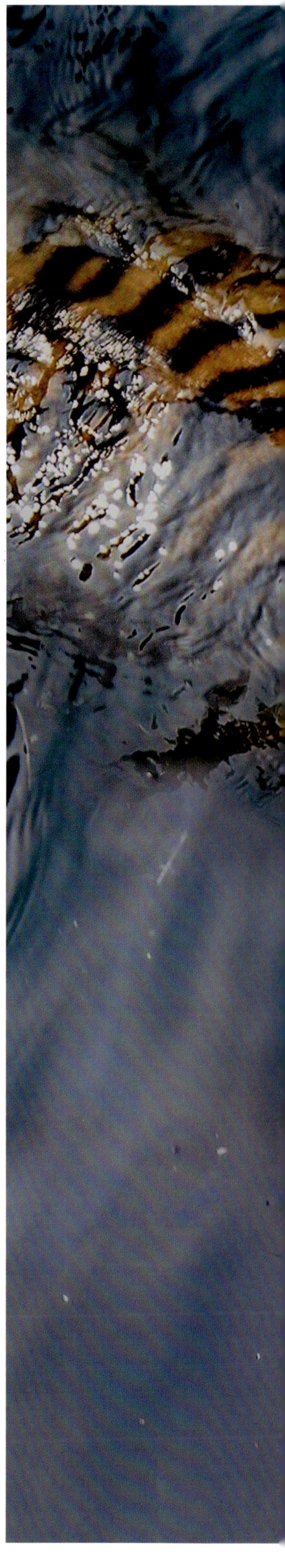

OBEN

DIE EINHEIMISCHEN TREFFEN

Der Jim Corbett Nationalpark ist ein bewaldetes Schutzgebiet im nördlichen indischen Bundesstaat Uttarakhand. Mit seinem riesigen dichten Dschungel, dem Ramganga-Fluss und verschiedenen Beutetieren ist es ideal für Tiger. Besucher dürfen nur bestimmte Gebiete betreten und einige Tiger sind so beliebt geworden, dass Führer und Besucher sie mit Namen kennen.

RECHTS

EIN WIDERSPRUCH IN SICH?

Ökotourismus ist ein schnell wachsendes Segment, das den Nervenkitzel des Reisens mit der Aufklärung von Touristen verbinden und Mittel für laufende Umweltprojekte generieren soll. Viele Menschen betrachten Ökotourismus jedoch als Widerspruch in sich: Flugreisen und die Umweltverschmutzung, die damit verbunden ist, Menschen in abgelegene Gebiete zu bringen, könnten mehr Probleme verursachen als lösen.

VON A NACH B

Der bevorzugte Lebensraum der Sumatra-Tiger sind Gebiete mit steilen Hängen und nicht kultivierten Wäldern. Die Tiger benötigen natürliche, ununterbrochene Waldkorridore, um ihr eigenes Territorium zu bilden. Dort, wo Plantagen in ihre Territorien vordringen, meiden sie die Menschen, indem sie Wasserläufe und bewaldete Wege, die mit einer dicken Pflanzendecke bedeckt sind, benutzen, um sich sicher fortzubewegen.

JAGD NACH NAHRUNG

Vor vierzigtausend Jahren, als unsere Vorfahren zusammengekauert um ihre Feuer saßen und Geschichten erzählten, um die Nachtängste zu vertreiben, beflügelten diejenigen Geschichten ihre Fantasie am meisten, die von der Natur handelten. Wenn man sich ihre Höhlenmalereien ansieht, entdeckt man einen reichen Kunstschatz, gefüllt mit Bildern des Alltags, und mit Tieren, mit denen sie ihre Welt geteilt haben.

Indiens prähistorische Höhlen in Bhimbetka zeigen Bilder von Bisons, Krokodilen, Löwen und Tigern. Jagdszenen sind ein weit verbreitetes Motiv und es scheint, dass unsere Vorfahren vom Zusammenspiel von Beute und Raubtier genauso fasziniert waren wie die Dokumentarfilmer heute. Denn Tiger sind nicht nur schön – ein Großteil ihrer Anziehungskraft besteht in der Art und Weise, wie sie ihre Umwelt dominieren und gestalten.

Tiger sind sogenannte Spitzenraubtiere. Sie stehen an der Spitze der Nahrungskette und konkurrieren selten mit anderen Tieren um Ressourcen. Sie sind jedoch weit mehr als nur mächtige Killer. Tiger sind eine „Schirmart“: Ihr Schutz hat zur Folge, dass andere Arten in derselben Region auch geschützt werden. Und weil Tiger viel Platz zum Herumstreifen benötigen, schützt ihre Anwesenheit auch die Lebensräume, in denen sie leben.

Es gibt auch zunehmend Hinweise darauf, dass Raubtiere wie Tiger für ein gut funktionierendes Ökosystem von entscheidender Bedeutung sind. Sie regulieren Populationen von Pflanzenfressern und stellen sicher, dass ihre Anzahl nicht unkontrolliert wächst. So verhindern sie eine Überweidung. Dies ermöglicht wiederum die Entwicklung gesunder und vielfältiger Biome – wobei Pflanzen und Tiere Teil einer miteinander verbundenen Lebenskette sind.

GEGENÜBERLIEGENDE SEITE

DER GEJAGTE JÄGER

Die größte Bedrohung für den Tiger ist der Mensch. Tiger werden wegen ihres Fells und anderer Körperteile gejagt, die als Trophäen gesammelt und in Arzneimitteln verwendet werden. Laut Traffic International, einer Agentur zur Überwachung von Wildtieren, wurden im letzten Jahrzehnt die Körperteile von 1069 Tigern – fast die Hälfte der weltweiten Tigerpopulation – beschlagnahmt.

PURE KRAFT

Tiger sind sehr schnell, aber sie können ihre Geschwindigkeit nicht lange halten. Die meisten Tiere, denen Tiger nachjagen, können ihnen tatsächlich leicht entkommen. Daher führen sie Angriffe normalerweise aus einem Hinterhalt aus – von der Seite oder von hinten –, wobei der Tiger seine mächtigen Vorderbeine einsetzt, um die Beute zu ergreifen und auf den Boden zu drücken.

OBEN

HEIMLICHER VERFOLGER

Auf der Jagd nutzt ein Tiger seine Umgebung, um verborgen zu bleiben. Er nähert sich seinem Ziel gemächlich, bis er bei etwa sechs bis neun Meter Entfernung bereit ist, sich blitzschnell auf sein Opfer zu stürzen. Aufgrund dieses Verhaltens werden Tiger häufig auch als hinterhältig beschrieben.

GEGENÜBERLIEGENDE SEITE

IMMER MIT DER RUHE

Geduld ist alles, wenn man Beute verfolgt. Tiger können 20 Minuten oder länger damit verbringen, sich ihrem Ziel zu nähern. Wenn ihre Beute aufgeschreckt wird und flieht, bevor der Tiger sich auf sie stürzen kann, ist der Angriff höchstwahrscheinlich erfolglos und die große Katze bleibt hungrig zurück.

OBEN

GEDULDSSPIEL

Wenn Beute in Sicht kommt, erstarrt der Tiger und legt sich langsam ins hohe Gras. Solange er bewegungslos bleibt und keine Brise weht, die seinen Geruch weiterträgt, bleibt er im Verborgenen und wartet darauf, dass die Aufmerksamkeit seiner Beute sinkt oder dass ein junges oder schwaches Tier von der Herde getrennt wird.

GEGENÜBERLIEGENDE SEITE

CLEVERE TARNUNG

Die Streifen eines Tigers lösen seine Körperform scheinbar auf und machen es schwer, ihn in hohem Gras und dichtem Unterholz zu erkennen. Da Tiger normalerweise nachts oder bei schlechten Lichtverhältnissen jagen, können die Streifen leicht mit Schatten verwechselt und von unachtsamen Tieren ignoriert werden, bis es zu spät ist.

OBEN

DIE KONKURRENZ AUSSCHALTEN

Im Jahr 2014 fanden Forscher Hinweise auf eine seltene Attacke einer Großkatze auf eine andere Großkatze: ein Sibirischer Tiger tötete einen eurasischen Luchs. Bei der Untersuchung des Kadavers stellte man fest, dass der Tiger die Wildkatze nicht getötet hatte, weil er hungrig war. Stattdessen wird angenommen, dass sie getötet wurde, um einen Nahrungskonkurrenten auszuschalten.

GEGENÜBERLIEGENDE SEITE

LEBENDIGE FARBEN SEHEN

Bei Tageslicht können Tiger genauso gut sehen wie ein durchschnittlicher Mensch. Viele Raubtiere sind farbenblind und bis vor kurzem wurde angenommen, dass die Augen eines Tigers eher Details als Farben erkennen können. Inzwischen geht man davon aus, dass sie Grün, Blau, Gelb und verschiedene Grautöne sehen können.

VERTRAUTE KATZEN

Falls Sie eine Hauskatze besitzen, haben Sie bestimmt auch schon gesehen, wie sie sich beim Aufwachen streckt und dehnt, ihre Vorderbeine durchdrückt und ihren Rücken so krümmt, dass dieser sich nach oben erhebt. Die bemerkenswert ähnliche Haltung eines Bengalischen Tigers sollte daher nicht so überraschend sein. Tiger und Hauskatzen haben zu rund 95 Prozent die gleiche DNA.

OBEN

POESIE IN BEWEGUNG

Katzen laufen, indem sie beide Beine auf derselben Körperseite zusammen anheben. Ein Tiger ändert in vollem Lauf seine Gangart derart, dass jeweils nur noch eine Pfote den Boden berührt. Dieser Sibirische Tiger wurde in einem Sprint fotografisch so eingefangen, dass es scheint, er habe den Boden vollständig verlassen.

GEGENÜBERLIEGENDE SEITE

FÜR DIE SCHNELLIGKEIT GEBOREN

Tiger haben ein relativ kleines Schlüsselbein für ein so großes Säugetier. Ein kleines Schlüsselbein ermöglicht dem Tiger einen größeren und uneingeschränkteren Bewegungsbereich. Dies bedeutet in der Praxis, dass der Tiger beim Laufen seine Schultern viel weiter bewegen und mit jedem Schritt eine längere Strecke zurücklegen kann.

OBEN

DER SCHWANZ DES TIGERS

Tiger haben lange Schwänze – manchmal werden sie bis zu einem Meter lang. Solch ein bemerkenswertes Merkmal ist nicht nur zur Show gedacht. Obwohl sie ihn auch dazu verwenden, um mit anderen Tigern zu kommunizieren, dient er hauptsächlich dem Gleichgewicht und wirkt wie ein Ruder, das der Katze hilft, auch mit hoher Geschwindigkeit scharfe Kurven zu nehmen.

GEGENÜBERLIEGENDE SEITE

AUF DEN AUFPRALL VORBEREITET

Die Pfoten und Krallen eines Tigers sind seine größten Waffen während der Jagd. Die Knochen in ihren Pfoten sind hart und stark genug, um Beute mit einem Schlag zu töten. Sie haben auch schnurartige Bänder, um sie vor dem Aufprall zu schützen, wenn sie bei vollem Lauf auf Beute treffen.

DIE AUGEN MACHEN DEN UNTERSCHIED

Hauskatzen haben Pupillen, die vertikale Schlitze sind. Tiger und Löwen haben runde Pupillen. Die Theorie besagt, dass vertikale Pupillen die Fähigkeit kleiner Tiere maximieren, Entfernungen zu beurteilen, während runde Pupillen für größere Raubtiere besser geeignet sind. Horizontale Pupillen kommen bei Beutetieren häufiger vor, da sie das Sichtfeld erweitern.

GEGENÜBERLIEGENDE SEITE

ERFORSCHER DER NATUR

In „The Face of the Tiger“ zeichnete der Ökologe Charles McDougal seine Beobachtungen über Tiger auf und sagte: „Der Tiger ist ein erstklassiger Naturforscher und kennt die Saison- und Aktivitätsmuster verschiedener Beutetiere – wo er sie finden kann und wann sie fressen oder sich ausruhen.“

OBEN

SCHNELL UND TODBRINGEND

Tiger können Wasserlöcher observieren, indem sie sich im Gras verstecken, bis Beute erscheint. Die große Katze jagt dann ihre verängstigte Beute ins tiefe Wasser, stürzt sich auf sie und schiebt ihre Beute unter Wasser. Die Beute ertrinkt oder erstickt, wenn sich die Eckzähne des Tigers an ihrem Hals schließen, das Rückenmark brechen, die Luftröhre durchbohren oder die Halsschlagader durchtrennen.

OBEN

ABWECHSLUNGSREICHE ERNÄHRUNG

Tiger nutzen jede Gelegenheit und jagen alles, was ihnen in den Weg kommt. Was sie essen, hängt von ihrem Lebensraum ab. In Sibirien etwa besteht die Hälfte ihrer Nahrung aus Wildschweinen. In Indien machen Sambar-Hirsche (Pferdehirsche) fast sechzig Prozent der Beute eines Bengal-Tigers aus. Tiger fressen auch kleinere Nagetiere, Reptilien und Fische, wenn keine größeren Beutetiere verfügbar sind.

GEGENÜBERLIEGENDE SEITE

NAHRUNGSVORRAT

Leoparden zerren ihre getötete Beute auf einen Baum, um sie vor anderen Raubtieren zu schützen. Tiger haben eine weniger energische Methode, um sicherzustellen, dass ihr Futter nicht gestohlen wird: Sie bedecken es mit Erde und Laub. Dann kehren sie immer wieder zu der getöteten Beute zurück, bis sie verzehrt ist.

ENERGIE SPAREN

Ein Tiger muss mindestens einmal pro Woche töten. Ein großes Beutetier kann einen Tiger zwei oder drei Tage lang ernähren. Danach ruht der Tiger aus, bevor er sich erneut auf die Jagd begibt. Bei seiner Jagd verbraucht er eine große Menge an Energie, sodass es viel effizienter für ihn ist, ein großes Tier zu töten als viele kleine.

GEGENÜBERLIEGENDE SEITE

ERSTAUNLICHE ANPASSUNGEN

Tigerstreifen sollen die Umrisse der Katze im Unterholz verschwimmen lassen. Dies ist im verschneiten Norden wenig sinnvoll, daher haben Sibirische Tiger die wenigsten und blassesten Streifen aller Tigerarten. Ihre großen Pfoten fungieren wie Schneeschuhe, um zu verhindern, dass sie im Schnee versinken.

OBEN

ACHTUNG – ES GIBT ÄRGER!

Diese Axishirsche (Bildhintergrund) gehören zu den beliebtesten Beutetiere des Bengal-Tigers. Sie machen es dieser hungrigen Tigerin jedoch nicht leicht. Die ganze Herde steht dem Raubtier gegenüber und verfolgt jede seiner Bewegungen sehr wachsam. Die Hirsche können sehr laut werden, wenn Gefahr droht.

AUF ÄRGER GEFASST

Diese Hirsche scheinen auf den ersten Blick für den Tiger eine leichte Beute zu sein, aber ihre wachsame Haltung – Ohren gespitzt, die Luft schnüffelnd – zeigt uns, dass sie sich bewusst sind, dass Gefahr nahe ist. Wenn der Tiger jetzt eine falsche Bewegung macht, zerstreut sich das Rudel Hirsche und stundenlanges Beobachten und Warten war vergebens.

LIEBLINGSSPEISE

Sambar-Hirsche zählen zu den größten Hirschen der Welt und sind ein Lieblingsessen des Bengal-Tigers. Es ist sogar bekannt, dass Tiger den Ruf des Hirsches nachahmen, um sie anzulocken und dann zu überfallen. Ein Schlag mit der Pfote des Tigers reicht aus, um einen 150 kg schweren Hirsch schwer zu verletzen.

GEGENÜBERLIEGENDE SEITE

GUTE NACHBARN

Der Alarmruf eines Sambar-Hirsches ist ein kehliges, dröhnendes Geräusch, das manchmal von einem aufgeregten Fußstampfen begleitet wird. Es ist bekannt, dass manche Tiere sich gegenseitig verständigen, wenn ein Tiger in der Nähe ist. Sie senden laute, durchdringende Rufe, um nicht nur Mitglieder ihrer eigenen Art, sondern auch andere zu warnen.

OBEN

DRUCKEMPFINDLICH

Tiger haben weniger Zähne als viele Fleischfresser, aber was ihnen zahlenmäßig fehlt, machen sie durch Größe und Empfindlichkeit wieder wett. Ihre riesigen Eckzähne enthalten druckempfindliche Nerven, mit denen der Tiger genau beurteilen kann, wie fest er zubeißen muss, wenn er sich am Hals seiner Beute festklemmt.

GEGENÜBERLIEGENDE SEITE UNTEN

MUTTERLIEBE

In diesem unglaublichen Bild greift eine Faultierbärenmutter einen großen männlichen Tiger an, der ihr Junges bedroht. Die Bärin steht auf ihren Hinterbeinen, wedelt mit ihren langen, gebogenen Pfoten in Richtung des Tigers und fletscht ihre Zähne. Während eigentlich Tiger Bären jagen, hat diese entschlossene Mutter den Angreifer schwer verletzt.

OBEN

STÄRKE DURCH ZAHLENMÄSSIGE ÜBERLEGENHEIT

Verschiedene Arten haben unterschiedliche Vorgehensweisen, wie sie mit Raubtieren umgehen. Diese Axishirsche fliehen in Gruppen, was es für einen einzelnen Jäger wesentlich schwieriger macht, ein Tier von der Herde zu trennen. Wenn sie grasen, bleiben sie normalerweise in der Nähe ihrer Deckung und tauchen bei Gefahr wieder in das Unterholz ein.

GEGENÜBERLIEGENDE SEITE

KOPFSCHUTZ

Normalerweise wird ein Tiger nur dann zu einem Menschenfresser, wenn er zu alt oder verletzt ist, um irgendeine andere Beute zu jagen. Weil Tiger, auf Heimlichkeit und Überraschung vertrauend, meistens von hinten angreifen, tragen Landarbeiter in Indien bekanntermaßen Masken auf dem Hinterkopf, damit der Tiger sich nicht von hinten anschleicht.

OBEN

KATZENKÄMPFE

Es ist nicht ungewöhnlich, dass Tiger in Indien ihre Territorien mit anderen Raubtieren wie Leoparden oder dem Asiatischen Wildhund – einem Verwandten des Wolfes – teilen. Diese konkurrieren nicht direkt um Nahrung, aber wenn der Tiger hungrig ist, kann es durchaus sein, dass sie dennoch auf seiner Speisekarte landen.

OBEN

EIN ZAHNPROBLEM

Der Tiger nutzt seine überlegene Größe und Kraft, um seine Beute niederzuschlagen. Der tödliche Biss erfolgt in den Nacken. Sobald er seine Beute in den Fängen hat, beißt er sich darin fest, bis sie tot ist. Wenn er jedoch mit hoher Geschwindigkeit auf die Beute trifft, besteht die Gefahr gebrochener Zähne, was für den Tiger den Hungertod bedeuten kann.

GEGENÜBERLIEGENDE SEITE

TISCHMANIEREN

Für Wildtierexperten ist es einfach, eine Tigerbeute zu identifizieren, da der Tiger diese auf eine besondere Art und Weise zerlegt: Er beginnt an dem Hinterteil des Tieres, entfernt vorsichtig die Teile, die er nicht mag und reinigt dann die Knochen mit seiner rauen Zunge.

IM ALLEINGANG

Auf offenem Grasland gibt es nur wenige Versteckmöglichkeiten, daher brauchen Löwen die Hilfe eines Rudels, um Beute zu fangen und einzukreisen. Tiger hingegen leben überwiegend in Lebensräumen, in denen dichte Belaubung es ihnen ermöglicht, Beute ohne fremde Hilfe zu fangen. Diese kleine Gruppe von Bengal-Tigern besteht vermutlich aus einer Mutter und ihren Jungen.

FLEISCH UND GEMÜSE

Der Darm eines Pflanzenfressers ist etwa 10- bis 12-mal so lang wie sein Körper, da er viel Zeit benötigt, um Pflanzenmaterial aufzunehmen und abzubauen. Fleisch ist leichter zu zersetzen, sodass Fleischfresser nur Därme benötigen, die 3- bis 6-mal so lang wie ihr Körper sind.

WER ZUERST KOMMT, MAHLT ZUERST

Bei vielen Raubtierarten frisst das Alphatier – das größte und stärkste Männchen – zuerst. Tiger hingegen teilen sich ihre Beute und lassen ihren Partner und ihre Jungen zuerst fressen. Gelegentlich töten Tiger mit anderen männlichen Tigern zusammen, aber der Tiger, der die Beute tötet, frisst zuerst, auch wenn er nicht das dominierende Männchen ist.

OBEN

GROSSER APPETIT

Raubtiere verschlingen oft große Mengen Fleisch auf einmal. Es ist nicht ungewöhnlich, dass ein Tiger fast 2 kg Fleisch verspeist. Die größeren Bengal-Tiger fressen durchschnittlich 6 kg pro Tag. Eine Mutter mit zwei schnell wachsenden Jungen benötigt etwa 9 kg Nahrung am Tag.

GEGENÜBERLIEGENDE SEITE

DIE GRUNDLAGEN LERNEN

Nach ungefähr acht Wochen beginnen Mütter, ihren Jungen beizubringen, wie man sich selbst versorgt. Sie nehmen sie mit auf die Jagd und bringen ihnen sogar ein verletztes Tier zum Töten. Die Jungen können im Alter von ungefähr 18 Monaten für sich selbst sorgen und alleine jagen. Sie bleiben aber bei ihrer Mutter, bis sie ungefähr 2,5 Jahre alt sind.

TIGERJUNGE

Erwachsene Tiger sind ein beeindruckendes Naturschauspiel, das Stärke, Kraft und Beweglichkeit vereint. Tigerbabys hingegen sind genauso verletzlich wie andere Neugeborene und ihre ersten Monate bergen viele Gefahren. Die Jungen, die blind geboren wurden und völlig auf ihre Mutter angewiesen sind, stehen vor einem Leben voller tödlicher Herausforderungen. Sie sind von Natur aus verspielt und abenteuerlustig, aber in freier Wildbahn lauern überall Bedrohungen. Es gibt auch die sehr realen Risiken, die von männlichen Tigern ausgehen. Diese versuchen möglicherweise die Jungen zu töten, um das Weibchen in Brunst zu versetzen, damit es bereit ist, sich mit ihm zu paaren.

Nur etwa die Hälfte aller jungen Tiger erreicht das Erwachsenenalter und für die Tigermutter beginnt die Aufgabe, sie zu schützen, direkt nach der Geburt. Tiger können zu jeder Jahreszeit gebären, bevorzugen jedoch die kühleren Monate zwischen November und April. Die werdende Mutter wählt einen abgelegenen, geschützten Höhlenplatz aus und entfernt sich in diesen gefährlichen ersten Monaten selten weit weg von zu Hause. Rund 70 Prozent ihrer Zeit wendet sie für die Pflege ihrer Jungen auf. Wenn sie das Gefühl hat, dass ihre Familie in Gefahr ist, zieht sie sich schnell zurück und trägt ihre Jungen sanft im Maul in Sicherheit.

Die Jungen trinken Muttermilch, bis sie nach etwa sechs bis acht Wochen entwöhnt sind. Dann führt die Mutter sie an feste Nahrung heran und beginnt mit der gemeinsamen Jagd. Die Jungen schärfen ihre Instinkte und entwickeln – dem Beispiel der Mutter folgend – schnell die Fähigkeiten und Techniken, die sie für ihr Erwachsenenleben benötigen.

GEGENÜBERLIEGENDE SEITE

FAMILIENBANDE

Die Tigerin bringt 13 bis 15 Wochen nach der Empfängnis ihre Babys zur Welt. Würfe von bis zu sieben Jungtieren kommen zwar vor, aber zwei bis vier Junge sind die Regel. Familiäre Bindungen werden durch körperlichen Kontakt gefestigt, wobei die Jungen sich an ihre Mutter kuscheln.

BLAUÄUGIGE BABYS

Die Neugeborenen öffnen ihre Augen sechs bis zwölf Tage nach ihrer Geburt. Alle Tiger werden mit blauen Augen geboren. Bei den meisten Unterarten ändert sich die Augenfarbe mit zunehmendem Wachstum zu einer auffälligeren gelblichen Farbe. Weiße Bengal-Tiger behalten jedoch ihre blauen Augen bis ins Erwachsenenalter.

OBEN

FLEISSIGE MÜTTER

Diese Jungen können bis zu 45 Minuten an den Zitzen ihrer Mutter saugen. Da die Tigermutter auch Nahrung braucht, verstaut sie ihre Jungen sicher in der Höhle, um dann durch die Nacht zu jagen und nach ihrer Rückkehr am Morgen ihre hungrige Familie wieder zu ernähren.

GEGENÜBERLIEGENDE SEITE

SCHWIERIGE ENTSCHEIDUNGEN

Wenn es genug Nahrung gibt, sorgt die Tigermutter dafür, dass jedes Jungtier ausreichend zu essen hat. Wenn das Futter knapp ist, kommt es zu einem „Überleben der Stärksten“: Die Mutter gibt dem Stärksten im Wurf mehr Nahrung, da er oder sie die höchsten Überlebenschancen hat.

EINE HELFENDE PFOTE

Männchen paaren sich normalerweise mit Weibchen, deren Territorien sich mit ihren überschneiden. Sobald sie sich gepaart haben, gehen sie üblicherweise getrennte Wege, aber es kommt auch vor, dass Männchen mit ihrem Nachwuchs spielen, sie füttern und sogar dabei helfen, die Jungen großzuziehen. Dies ist auch für den männlichen Tiger sinnvoll, da es die Überlebenswahrscheinlichkeit der Jungen erhöht und somit seine Gene an die nächste Generation weitergegeben werden können.

OBEN

DAS TERRITORIUM DES TIGERS

Eine erfolgreiche Aufzucht braucht den richtigen Lebensraum. Der indische Bandhavgarh-Nationalpark, in dem dieses Foto gemacht wurde, bietet Mischwälder, weite Täler und Bäche und ist somit ein ideales Tigergebiet. Das Reservat hat eine der größten Tigerpopulationen in Indien und eine hohe Überlebensrate für Tigerbabys.

GEGENÜBERLIEGENDE SEITE

KATZENKOMMUNIKATION

Tigerbabys geben entzückende Gähnlaute von sich. Es dauert ungefähr 20 Monate, bis die Jungen körperlich so weit entwickelt sind, um das berühmte Brüllen der Erwachsenen nachzuahmen. Dieses Brüllen ist nicht nur furchterregend, es ist auch unglaublich komplex. Es enthält niederfrequente Infraschallwellen, die lange Strecken zurücklegen und auch durch dichte Wälder – und sogar Berge – dringen können.

GEGENÜBERLIEGENDE SEITE OBEN UND UNTEN

ÜBERLEBENSPLÄNE

Im Laufe der Jahre haben sich die Erwartungen an Zoos geändert. Heute vertrauen wir darauf, dass gute Zoos mehr als nur einen Ort zum Betrachten von Tieren darstellen: Sie sollten auch eine maßgebliche Rolle bei der Unterstützung gefährdeter Arten durch Zuchtprogramme spielen. Die Zucht in Gefangenschaft ist jedoch nur dann sinnvoll, wenn auch die Ursachen für den Artenrückgang angegangen werden. Einige Zoos setzen sich bereits aktiv für die Aufklärung über den Verlust von Lebensräumen und den Klimawandel ein. Leider hat nicht jeder Zoo dafür die Möglichkeiten und viele züchten weiterhin Tiere, nur um sie ihren Besuchern zu zeigen. So wird in der Natur nur einer von 10 000 Bengal-Tigern weiß geboren. Diesen Tieren wird zwar viel Aufmerksamkeit zuteil, doch ihre Zucht trägt nichts zum Überleben der Art in der freien Natur bei.

OBEN

VON MAMA LERNEN

In Gefangenschaft lernen Tigerbabys nicht die Fähigkeiten, die erforderlich sind, um in freier Wildbahn zu überleben. Die Tigermutter muss nicht einmal jagen. Sie kann deshalb diese lebenswichtige Lektion nicht weitergeben. In freier Wildbahn sieht es jedoch ganz anders aus. Die Jungtiere beobachten und ahmen ständig das Verhalten ihrer Mutter nach und sind mit zwei Jahren bereit, selbstständig zu werden.

SPÄTZÜNDER

Die weiblichen Tiger achten sehr auf Sauberkeit, und Essensreste werden niemals in der Höhle zurückgelassen, da sie Krankheiten verursachen können. Sobald sich die Eckzähne der Jungen entwickelt haben, beginnt die Mutter, das Fleisch für sie außerhalb der Höhle liegen zu lassen. In Gefangenschaft sind Sibirische Tigerbabys (siehe Abbildung) Spätzünder und beginnen erst im Alter von circa 10 Wochen Fleisch zu fressen.

GEGENÜBERLIEGENDE SEITE

KLEINE ENTDECKER

Erwachsene Tiger verbringen die meiste Zeit mit Schlafen – und sie schlafen überall dort, wo sie sich sicher fühlen, selbst neben einer frisch getöteten Beute. Die Jungtiere sind wesentlich aktiver und werden immer neugieriger auf ihre Umgebung, was sie aber auch in Schwierigkeiten bringen kann.

OBEN

FRÜHLINGSBABYS

Je nach Tigerart wiegt ein Tigerjunges bei der Geburt durchschnittlich 1 kg. Die meisten Jungen werden zwischen März und Juni geboren. Eine Tigerin bringt im Alter von vier oder fünf Jahren zum ersten Mal Jungen zur Welt und dann in der Regel alle zwei Jahre.

DAS ZAHNEN DER TIGER

Tiger werden wie Menschen ohne Zähne geboren. Die ersten, nadelscharfen Milchzähne brechen nach einigen Tagen durch. Mit etwa sechs Monaten beginnen neue, dauerhafte Erwachsenenzähne, diese Milchzähne herauszudrücken. Diese Zähne wachsen lebenslang weiter und es ist möglich, das Alter eines Tigers anhand der Größe seiner Zähne zu bestimmen.

ALPHATIER

In jedem Tigerwurf gibt es immer ein dominantes Jungtier. Es ist diese Top-Katze, die die anderen bei Spielaktivitäten anführt und ihnen möglicherweise sogar vorschreibt, wann sie fressen und schlafen sollen. Dies kann sowohl ein männliches als auch ein weibliches Jungtier sein. In der Regel ist es aber eher ein männliches Tier, da es größer ist.

OBEN

SANFTE KIEFER

Die Kiefer eines Tigers sind so konzipiert, dass sie Knochen zerquetschen können, doch sie üben nicht nur willkürliche Kraft aus. Die gleichen Kiefer können auch zum sanften Anheben eines Jungtieres benutzt werden. Wenn die Mutter den Hals ihres Jungen umklammert, treten dessen Reflexe hervor: Der Körper erschlafft, um Verletzungen zu vermeiden, und die Hinterbeine sind leicht angezogen, um nicht im Unterholz hängen zu bleiben.

GEGENÜBERLIEGENDE SEITE

SPEZIELLER SPEICHEL

Großkatzen sind in Bezug auf Hygiene genauso anspruchsvoll wie Hauskatzen. Die sandpapierartige Zunge der Tigerin ist das ideale Instrument, um ihre Jungen sauber zu halten. Ihr Speichel ist auch antiseptisch, sodass sie alle Schnitte oder Wunden mit einem einfachen Zungenschlag desinfizieren kann.

OBEN

SCHWIMMUNTERRICHT

In freier Wildbahn lernen Tiger schwimmen, indem sie ihrer Mutter ins Wasser folgen und allmählich genug Selbstvertrauen gewinnen, um sich alleine in tieferes Wasser zu wagen. In Zoos sind Tigergehege oft von Wasser umgeben, und nach einigen tragischen Todesfällen durch Ertrinken geben mehrere Zoos nun den Jungtieren „Schwimmunterricht", bevor sie zu ihren Eltern ins Gehege für Erwachsene kommen.

GEGENÜBERLIEGENDE SEITE

CHILLEN IM POOL

Große Tiere haben mehr Oberfläche zum Aufheizen und sobald sie aufgeheizt sind, fällt es ihnen schwer, sich abzukühlen. Als größtes Mitglied der Gattung *Panthera* (Großkatzen) neigt der Tiger eher zum Überhitzen als seine kleineren Verwandten. Das ist wahrscheinlich auch der Grund, warum der Tiger zu den wenigen Katzen zählt, die sich gerne beim Schwimmen abkühlen.

OBEN

GEWINNER UND VERLIERER

Schon in jungen Jahren lernen Tigerbabys in spielerischen Kämpfen, sich anzupirschen und aufeinander zu stürzen. Im Erwachsenenalter werden sie kämpfen, um ein Territorium zu gewinnen oder zu verteidigen. Nicht jede Begegnung endet in einem Blutbad, manchmal reicht auch schon Einschüchterung: Wenn sich der schwächere Tiger den Drohungen des dominanteren unterwirft, kann es der Gewinner durchaus tolerieren, dass der Verlierer in seiner Reichweite verbleibt.

GEGENÜBERLIEGENDE SEITE

VERSTECKEN SPIELEN

Tigerbabys lieben es, mit ihrer Mutter Verstecken zu spielen, aber wie bei jedem Tigerspiel steckt hinter dem Spaß ein ernstes Ziel. Die Mutter versteckt sich im Unterholz, während die Jungen versuchen, sich auf ihren Schwanz zu stürzen – so werden sie auf eine Zeit vorbereitet, in der sie für sich selbst jagen müssen.

OBEN

EIN ZWEISCHNEIDIGES SCHWERT

Die Tigerin spielt mit ihren Jungen und hilft ihnen, ihre Angriffs- und Verteidigungsfähigkeiten zu entwickeln. Für die Mutter kann dies ein zweischneidiges Schwert sein: Ihre Töchter werden Reviere in ihrer Nähe besetzen und eines Tages die gleichen Kampffähigkeiten einsetzen, um sie wegen ihres Territoriums herauszufordern.

RECHTS

SICH UM DIE JUNGEN KÜMMERN

Auf diesem Foto verbirgt sich mehr als die bloße Mutter-Jungtier-Bindung. Es wird vermutet, dass die Tigerin die Durchblutung und Verdauung ihrer Jungen durch ihr Lecken anregt. Katzen können nur durch ihre Pfoten schwitzen, daher kann das Lecken ihrer Jungen auch ein Weg sein, um sicherzustellen, dass sie nicht überhitzen.

AM GERUCH ERKENNEN

Tiger verlassen sich bei der Jagd nicht auf den Geruch, aber er spielt eine wichtige Rolle in der Katzenkommunikation. Die Jungen erkennen ihre Mutter und die anderen der Gruppe allein am Geruch. Tiger haben wie andere Katzen einen bestimmten Gesichtsausdruck, den sie beim Schnüffeln, dem sogenannten Flehmen, verwenden. Dabei rümpfen sie die Nase und lassen die Zunge heraushängen, sodass Gerüche zum Jacobson-Organ geleitet werden. Dieses sitzt hinter den vorderen Schneidezähnen und erkennt Geruchspartikel.

OBEN

SCHWARZ, WEISS UND SOGAR BLAU

Neben weißen Tigern sind auch schwarze und blaue Tiger bekannt. Schwarze Tiger haben ein dunkelgraues oder schwarzes Fell mit hellgrauen oder hellbraunen Streifen. Blaue Tiger haben ein bläulichgraues Fell mit anthrazitfarbenen Streifen. Beide sind in freier Wildbahn extrem selten, wenn nicht sogar schon ausgestorben.

GEGENÜBERLIEGENDE SEITE

VON KOPF BIS SCHWANZ

Von schnellen Drehungen im Laufen bis hin zu Sprüngen im Stehen – es ist das Rückgrat des Tigers, das ihm solche akrobatischen Bewegungen ermöglicht. Seine extrem flexible Wirbelsäule enthält 30 Wirbel (Menschen haben nur 25) und erstreckt sich von der Schädelbasis bis zur Schwanzspitze.

OBEN

DIE WAFFEN WEGSTECKEN

Während dieses Scheinkampfes sind die Klauen der Jungen eingezogen. Leoparden, Löwen, Jaguare und Tiger können ihre Krallen vollständig einziehen bzw. zurückziehen, wenn sie nicht benötigt werden. Geparden hingegen sind so schnell, dass sie ihre Krallen für zusätzliche Zugkraft beim Laufen benötigen. Sie gehören zu den wenigen Wildkatzen, deren Krallen nur halb einziehbar sind.

GEGENÜBERLIEGENDE SEITE

GESCHLECHTSUNTERSCHIEDE

Männliche Tiger haben einen längeren Körper und sind etwa 1,7-mal schwerer als ihre weiblichen Gegenstücke – und dies zeigt sich bereits, sobald die Tiger entwöhnt sind. Die Weibchen haben außerdem einen kleineren Kopf, kürzere Eckzähne und kleinere Pfoten. Dieser Größenunterschied zwischen den Geschlechtern wird als Sexualdimorphismus bezeichnet.

GEGENÜBERLIEGENDE SEITE

KÖNIG DER TIERE

In der chinesischen Legende heißt es, dass die Markierungen auf der Stirn eines Tigers das Piktogramm für *guó wán* darstellen, was „König“ bedeutet. Zu Beginn des Jahres des Tigers ist es Tradition, dass sich Kinder dieses Zeichen mit Wein auf die Stirn malen lassen, um Kraft und Gesundheit zu fördern.

OBEN

DER SCHWANZ DES TIGERS

Grundsätzlich hilft der Schwanz dem Tiger, sein Gleichgewicht zu halten (wie auf diesem Foto). Daneben verwenden diese großen Katzen ihre Schwänze, um Gefühle zu signalisieren. Bei einem entspannten Tiger hängt der Schwanz locker nach unten. Wut oder Irritation zeigt sich in einem schnell wippenden Schwanz oder einem niedrig gehaltenen Schwanz mit plötzlichen, scharfen Zuckungen.

LINKS

SPUREN HINTERLASSEN

Tiger markieren die Grenzen ihres Territoriums mit Urin, Kot und Duftdrüsen sowie mit sichtbaren Zeichen wie Kratzspuren am Boden oder an Bäumen. Dieses Sibirische Tigerjunges ist noch zu jung, um sein eigenes Territorium zu haben, übt aber bereits fleißig für diese Zeit.

GEGENÜBERLIEGENDE SEITE

SICHERES ZUHAUSE

Tigermütter schützen ihre kleinen Schützlinge sehr. Über genaue Einzelheiten, was in der Höhle eines wildlebenden Tigers passiert, ist wenig bekannt, da die Tigermutter große Anstrengungen unternimmt, um ihre Jungen sicher zu verstecken. Wenn sie glaubt, dass die Höhle durch Fremde betreten wurde, wird sie ihre Familie sofort an einen neuen Ort umsiedeln.

GEGENÜBERLIEGENDE SEITE

BAUMBEWOHNENDE VORFAHREN

Der „Proailurus" war ein entfernter Verwandter der heutigen Großkatzen, der vor etwa 25 Millionen Jahren lebte. Es wird angenommen, dass die Art teilweise in den Bäumen lebte und einen Großteil ihrer Zeit in den Baumwipfeln verbrachte. Zwar haben alle heute lebenden Katzen die Fähigkeit behalten, auf Bäume zu klettern, aber erwachsene Tiger fühlen sich am Boden wesentlich wohler.

OBEN

ÜBERLEBENSKAMPF

Weiße Tiger kämpfen ums Überleben in freier Wildbahn. Die gleiche einmalige Färbung, die sie als Attraktion so beliebt macht, behindert zugleich ihre Fähigkeit, sich zu verstecken und ihre Beute unbemerkt zu verfolgen. Ohne die übliche orange-schwarze Tarnung besteht deshalb die Gefahr, dass weiße Tiger verhungern.

ÜBERFÜRSORGLICHE MÜTTER

In Indien beträgt der mögliche Lebensraum für Tiger insgesamt rund 300 000 km², aber die Tiere werden auf etwa 10 Prozent dieser Fläche zusammengepfercht. Dies bedeutet, dass Begegnungen mit Menschen immer wahrscheinlicher werden und Tigerangriffe, oft von Müttern, die ihre Jungen schützen, zunehmen.

VORBEREITUNG AUF DIE MUTTERSCHAFT

Eine Tigerin wird, je nach Unterart und Lebensraum, alle drei bis neun Wochen brünstig, also empfängnisbereit. Während dieser Zeit können sich Männchen und Weibchen mehrmals pro Stunde paaren, was die Wahrscheinlichkeit erhöht, dass die Tigerin schwanger wird.

OBEN

MÜTTER, DIE ZU HAUSE BLEIBEN

Aufgrund der Notwendigkeit, in der Nähe ihrer Jungen zu bleiben, jagen Tigerinnen im Allgemeinen nur auf ihrem eigenen Territorium. Männliche Tiger – ohne Kinder, um die sie sich kümmern müssen – können weitere Wege zurücklegen und sich in einem größeren Gebiet bewegen oder sich sogar in die Reviere anderer Tiger hineinwagen.

GEGENÜBERLIEGENDE SEITE

NATÜRLICHE JÄGER?

Es ist wissenschaftlich erwiesen, dass Tigerbabys Beutearten instinktiv erkennen. In einem Experiment griffen junge Tiger, die noch nie einen echten Hirsch gesehen hatten, ein Modell eines solchen Hirsches an, der mit Hirschurin bestäubt worden war. Es bedarf allerdings jahrelangen Trainings, um Instinkte in Geschicklichkeit umzuwandeln.

SCHWIERIGER ÜBERGANG

Mit etwa zwei Jahren beginnen Tiger ein unabhängiges Leben. Dies ist eine gefährliche Zeit für junge Tiger, ohne eigene Gebiete und ohne den Schutz der Erwachsenen. Die Sterblichkeitsrate für diese unerprobten Teenager liegt bei bis zu 35 Prozent. Die Ausbildung, die sie von der Mutter erhalten haben, kann nun den Unterschied zwischen Leben und Tod ausmachen.

Bildnachweis:
Alamy: Aditya Singh 126–127; AGE Fotostock/David & Micha Sheldon 182; Andre Gilden 22; Arco/G. Lacz 160–161; Blickwinkel/McPhoto/Was 32–33; Blickwinkel/Schmidbauer 66–67; Brian Jannsen 168; cgwp.co.uk 155, 175; Dinodia Photos 108–109; Evelyn Harrison 102; Image Broker/Aditya Singh 98; Image Broker/Stefan Huwiler 11; Jeremy Cozannet 48; Krys Bailey 118; Nature Picture Library/Andy Rouse 18; Nature Picture Library/Josh Rouse 128; Robert Harding/Louise Murray 22; Room the Agency 113; Steve Bloom Images/Steve Garbutt 85; Tom Uhlman 190–191; Vince Burton 178; Xinhau 162–163

Dreamstime: Anankkml 146–147; Ang Wee Heng John 50–51; Belizar 15; David Havel 114–115; Dennis van de Water 6; Elena Lemekhova 27; Eric Gevaert 8–9, 181; Jhaviv 186–187; Jinfeng Zhang 37; Liumangtiger 35; Michal Zak 143; Moose Henderson 189; Nadezda Murmakova 120–121; Ondrej Prosicky 79, 116, 122, 179; Patrick Walker 62–63; Petr Masek 42; Rene Drouyer 96–97; Robin Winkelman 78, 176–177; Sabrina Taylor 4; Sharkawi Che Din 29; Tatiana Belova 49; Tsui Shan So 52; Vladimir Cech 134; Vladislav Jirousek 38–39; Walter Arce 16–17; Zihar Andonov 142

FLPA: Albert Visage 148; Biosphotos/Klaus Allofs 140–141; Chris Brunskill 73, 133; F1online 180; Gerard Lacsz 154; Image Broker 169; Image Broker/Christian Hatter 14; Richard Costin 72, 104; Terry Whittaker 149; FLPA/Minden Pictures: Ingo Arndt 58; Kevin Schafer 159; Marion Volbom 167; Matt Smith 105; Stanislav Duben 100–101; Suzi Eszterhas 111, 152, 186; Theo Allofs 91; Tim Fitzharris 90

Getty Images: AFP/Alexander Joe 36; Corbis/Anup Shah 135; Digital Vision/Nat Photos 10; DLILLC/Corbis/VCG 184–185; E+/Guenterguni 20–21; Justin Sullivan 53; Mark Kolbe 172–173; Moment Open/Aprison Photography 43; Moment/Aditya Singh 65, 130; Moment/Tambako the Jaguar 170–171; Nadezda Murmakova 82; Oxford Scientific/Andy Rouse 90; Oxford Scientific/Belinda Wright 84; Oxford Scientific/James Warwick 107; Oxford Scientific/Satyendra Kumar Tiwari 136–137; Photographer's Choice/James Warwick 123; Photolibrary/Andy Rouse 165; Purestock/Tom Brakefield 23; Robert Cinega 95; The Image Bank/Anup Shah 132; The Image Bank/Peter Adams 26; Tom Brakefield 150–151

istock: Amit Rane 1975 124–125; eROMAZe 74–75, 83; Evgeny 555 177; Freder 80; Gannett 77, 130–131; Mark Kostich 153; Matt Gibson 103; Mizu001 119; Ricardo Reitmeyer 60; The Dman 144

Shutterstock: abxyz 28, 44–45; Ajay Kumar Singh 94; Alexandr Zhiltsov 164, 166; Andeus Riishede 170; Andrey Gudkov 106; Andy Wilcock 70–71; Anuradha Marwah 61; Archna Singh 2–3, 68–69; Candy Barnacles 46–47; Dagmara Ksandrova 183; Dmitri Gordon 24–25; Dptro 40–41; Enciktat 31; FX 56–57; HelloRF Zcool 34; Jeep2499 84; Kitch Bain 30; Kshitij30 19; Michal Ninger 112; Michal Varga 54; Miroslav Chytil 117; Nadezda Murmakova 81; Nattanan 154; Ondrej Chvatal 129; Ondrej Prosicky 12–13, 76–77; Otsphoto 174; Petishe Cover; Photocech CZ 92–93; Pravine 86; Reality Images 88–89; Sarah Cheriton-Jones 188; Sergey Bogomolov 156–157; Shivang Mehta 138–139; Stanislav Duben 59, 87, 110; Terry Granger 64; Tuaklom 3, 5, 7, 55, 99, 145; Wandee007 38; Wolrdwildlifewonders 19

Erstveröffentlichung unter dem Titel:
„Tigers“

Genehmigte Lizenzausgabe
NEUER KAISER VERLAG GmbH
Industriestraße 19
64407 Fränkisch-Crumbach 2021
www.neuer-kaiser-verlag.de

Projektleitung: Sarah Uttridge
Design: Zoe Mellors
Bildrecherche: Terry Forshaw

Übersetzung: design cat GmbH
Layout, Satz und Umschlaggestaltung:
design cat GmbH

ISBN 978-3-8468-3005-5